Desalegn Amenu
Ayantu Nugusa

Virologia

Desalegn Amenu
Ayantu Nugusa

Virologia

Notas de aula de virologia

Imprint

Any brand names and product names mentioned in this book are subject to trademark, brand or patent protection and are trademarks or registered trademarks of their respective holders. The use of brand names, product names, common names, trade names, product descriptions etc. even without a particular marking in this work is in no way to be construed to mean that such names may be regarded as unrestricted in respect of trademark and brand protection legislation and could thus be used by anyone.

Cover image: www.ingimage.com

This book is a translation from the original published under ISBN 978-620-7-84360-2.

Publisher:
Sciencia Scripts
is a trademark of
Dodo Books Indian Ocean Ltd. and OmniScriptum S.R.L publishing group

120 High Road, East Finchley, London, N2 9ED, United Kingdom
Str. Armeneasca 28/1, office 1, Chisinau MD-2012, Republic of Moldova, Europe
Printed at: see last page
ISBN: 978-620-8-13598-0

Virologia

Explorando o mundo invisível dos vírus e das interações com o hospedeiro

Índice

Prefácio

A virologia, o estudo dos vírus, situa-se na intersecção entre o mistério e a maravilha no domínio da microbiologia. Os vírus, embora simples na sua estrutura, exercem um poder imenso na sua capacidade de infetar praticamente todas as formas de vida na Terra. Desde as mais pequenas bactérias até aos maiores mamíferos, os vírus moldaram caminhos evolutivos, impulsionaram dinâmicas ecológicas e desafiaram o engenho humano.

Nesta viagem pela virologia, mergulhamos nos meandros da genética viral, nas estratégias de replicação, nas interações com o hospedeiro e nos impactos profundos que os vírus têm na saúde, na agricultura e nos ecossistemas. A compreensão dos vírus não só desvenda os segredos das doenças, como também ilumina os processos biológicos fundamentais e oferece pistas para terapias inovadoras e avanços biotecnológicos.

Este texto explora o mundo diversificado dos vírus - desde a elegante simetria dos seus capsídeos até à complexa dança das interações moleculares nas células hospedeiras. Percorremos a história da descoberta dos vírus, a busca incessante de estratégias antivirais e o surgimento de novas ameaças virais no nosso mundo interligado. Cada capítulo oferece um vislumbre do campo dinâmico e em evolução da virologia, mostrando tanto os desafios como os progressos notáveis feitos na revelação dos mistérios virais que continuam a cativar os cientistas e a moldar a nossa compreensão da própria vida.

Quer seja estudante, investigador, profissional de saúde ou simplesmente curioso acerca das entidades invisíveis que influenciam as nossas vidas, este livro pretende iluminar o fascinante mundo da virologia com clareza e profundidade. Junte-se a nós numa viagem pelo universo microscópico dos vírus, onde cada descoberta nos aproxima do domínio dos seus segredos e do aproveitamento do seu potencial em benefício da humanidade.

Desalegn Amenu

Ayantu Nugusa

1. Introdução

A virologia é o estudo dos vírus, da sua estrutura, classificação, evolução e interações com os organismos hospedeiros. Eis uma breve introdução à virologia:

O que são vírus?

Os vírus são agentes infecciosos microscópicos que só se podem replicar no interior das células vivas dos organismos. São constituídos por material genético (ADN ou ARN) encerrado num invólucro proteico denominado capsídeo. Alguns vírus têm também um invólucro lipídico exterior derivado da membrana da célula hospedeira.

Estrutura dos vírus

1. **Material genético**: Pode ser ADN ou ARN, de cadeia simples (ss) ou de cadeia dupla (ds).

2. **Capsídeo**: Invólucro proteico que envolve o material genético.

3. **Envelope**: Membrana lipídica derivada da célula hospedeira, presente em alguns vírus.

4. **Espículas ou glicoproteínas**: Estruturas na superfície utilizadas para fixação às células hospedeiras.

Classificação dos vírus

Os vírus são classificados com base em:

- Tipo de material genético (ADN ou ARN).
- Simetria e forma do capsídeo.
- Presença ou ausência de um envelope.

- Gama de hospedeiros e especificidades.

Ciclo de Replicação

1. **Fixação**: O vírus liga-se a receptores específicos na superfície da célula hospedeira.

2. **Entrada**: O material genético entra na célula hospedeira, quer por fusão direta com a membrana celular, quer por endocitose.

3. **Replicação e transcrição**: O material genético viral é replicado e transcrito pela maquinaria da célula hospedeira.

4. **Montagem**: As novas partículas virais são montadas a partir de componentes sintetizados.

5. **Libertação**: As partículas virais são libertadas da célula hospedeira, causando frequentemente lise celular ou brotamento.

Interações com o hospedeiro

Os vírus podem infetar todas as formas de vida, incluindo animais, plantas, fungos, bactérias (bacteriófagos) e archaea. Provocam uma grande variedade de doenças em seres humanos e animais, desde doenças ligeiras como a constipação comum até infecções graves como a SIDA e o Ébola.

Importância da Virologia

- **Medicina**: A compreensão dos vírus ajuda a desenvolver vacinas, medicamentos antivirais e métodos de diagnóstico.

- **Biotecnologia**: Os vírus são utilizados como vectores para a terapia genética e em aplicações biotecnológicas.

- **Ecologia**: O estudo da ecologia viral ajuda a compreender o seu impacto nos ecossistemas e na biodiversidade.

Conclusão

A virologia é um domínio crucial que faz a ponte entre a microbiologia, a genética e a medicina. Desempenha um papel importante na compreensão das doenças infecciosas e no desenvolvimento de estratégias para combater as infecções virais.

2. Definição e âmbito da virologia
2.1. Definição de Virologia

A Virologia é o ramo da microbiologia que se ocupa do estudo dos vírus, da sua estrutura, classificação, evolução, replicação, patogénese (propriedades causadoras de doenças) e interações com os seus hospedeiros, incluindo seres humanos, animais, plantas, fungos, bactérias e archaea.

Âmbito da Virologia

1. **Estrutura e classificação dos vírus**: Compreender a constituição física e genética dos vírus, como são classificados com base na morfologia, no material genético (ADN ou ARN), na simetria e na presença de envelopes.

2. **Replicação viral**: Estudo dos mecanismos pelos quais os vírus se replicam no interior das células hospedeiras,

incluindo a ligação, a entrada, a replicação do genoma, a transcrição, a tradução, a montagem e a libertação.

3. **Patogénese viral**: Investigar como os vírus causam doenças, incluindo as suas interações com as células hospedeiras, respostas imunitárias e factores que influenciam a gravidade da doença.

4. **Evolução e Ecologia Viral**: Explorar as relações evolutivas entre os vírus, a sua adaptação aos hospedeiros e o seu impacto nos ecossistemas.

5. **Virologia de diagnóstico**: Desenvolvimento e utilização de técnicas de deteção e identificação de vírus em contextos clínicos, ambientais e de investigação, tais como PCR (Reação em cadeia da polimerase), ELISA (Enzyme-Linked Immunosorbent Assay) e sequenciação.

6. **Imunologia viral**: Estudo das respostas imunitárias do hospedeiro a infecções virais, incluindo o desenvolvimento de vacinas e abordagens de imunoterapia.

7. **Biotecnologia viral**: Utilização de vírus como ferramentas em aplicações biotecnológicas, tais como terapia genética, produção de vacinas e vectores virais para entrega de genes.

8. **Vírus emergentes e pandemias**: Monitorização e investigação de novos vírus emergentes, compreensão do seu potencial para causar pandemias e desenvolvimento de estratégias de prevenção e controlo.

Importância da Virologia

- **Saúde pública**: A virologia é crucial para compreender e controlar as doenças virais que afectam as populações humanas e animais em todo o mundo.

- **Investigação biomédica**: Fornece conhecimentos sobre processos biológicos fundamentais, como a genética molecular, a biologia celular e a imunologia.

- **Impacto ambiental e agrícola**: A virologia ajuda a estudar os vírus que afectam as plantas e os ecossistemas, influenciando as práticas agrícolas e a conservação da biodiversidade.

Em resumo, a virologia engloba um vasto espetro de disciplinas científicas destinadas a compreender a natureza complexa dos vírus e as suas interações com os organismos vivos, desempenhando um papel fundamental nos cuidados de saúde, na biotecnologia e na ciência ambiental.

2.2. História da Virologia

A história da virologia é uma viagem fascinante que atravessa séculos de descobertas científicas e avanços tecnológicos. Eis um resumo conciso dos principais marcos da história da virologia:

Observações iniciais (antes de 1800)

- **Século XVII**: As primeiras observações de doenças como a varíola e o sarampo sugerem que os agentes infecciosos, mais pequenos do que as bactérias, podem ser responsáveis por estas doenças.

- **Finais do século XVIII**: O desenvolvimento da vacina

contra a varíola por Edward Jenner marca um importante triunfo inicial na imunologia e na virologia, utilizando material de lesões de varíola bovina para proteção contra a varíola.

Descoberta dos vírus (finais do século XIX a inícios do século XX)

- **1887**: Adolf Mayer e Dimitri Ivanovsky descobrem, de forma independente, o vírus do mosaico do tabaco (TMV), o primeiro vírus descoberto. Observam que um agente patogénico mais pequeno do que as bactérias provoca a doença do mosaico nas plantas de tabaco.

- **1898**: Martinus Beijerinck demonstra que o TMV pode replicar-se e propagar-se, o que sugere que se trata de um agente infecioso não bacteriano.

- **Início do século XX**: Outras descobertas de agentes filtráveis que causam doenças em humanos e animais, incluindo a febre aftosa e a febre amarela, apoiam o conceito de vírus filtráveis.

Desenvolvimento de técnicas (meados do século XX)

- **1935**: Wendell Stanley cristaliza o TMV, confirmando que os vírus são entidades distintas compostas por ácidos nucleicos e proteínas.

- **Décadas de 1940-1950**: O desenvolvimento da microscopia eletrónica permite a visualização direta dos vírus, confirmando a sua estrutura e fornecendo informações sobre a sua morfologia.

Virologia molecular (final do século XX)

- **1956**: Renato Dulbecco e Marguerite Vogt desenvolvem métodos de cultura de vírus animais, abrindo caminho para o estudo da replicação dos vírus e das interações com as células hospedeiras.

- **1960**s: A descoberta de mecanismos de replicação viral, como a transcrição reversa em retrovírus (por exemplo, o VIH) por Howard Temin e David Baltimore, faz avançar a compreensão da genética viral.

- **1970s**: O desenvolvimento da tecnologia do ADN recombinante permite a manipulação dos genomas virais, facilitando os estudos sobre os genes virais e a expressão genética.

Era moderna (final do século XX até à atualidade)

- **1980s**: A descoberta do vírus da imunodeficiência humana (VIH) como causa da SIDA põe em evidência os desafios actuais no combate às doenças virais emergentes.

- **Década de 1990 até à atualidade**: Os avanços na genómica, proteómica e bioinformática revolucionam a virologia, permitindo a rápida identificação, sequenciação e caraterização dos vírus.

- **Século XXI**: O foco na evolução viral, nas interações vírus hospedeiro, na patogénese viral e no desenvolvimento de terapias antivirais e vacinas continua a impulsionar a investigação em virologia.

Desafios actuais e direcções futuras

- **Doenças virais emergentes**: As ameaças actuais de vírus emergentes como o SARS-CoV-2 (causador da COVID-19) sublinham a necessidade de vigilância global, diagnóstico rápido e desenvolvimento de vacinas.

- **Evolução e resistência viral**: O estudo contínuo da evolução viral, incluindo os mecanismos de resistência aos tratamentos antivirais, informa as estratégias de controlo das infecções virais.

Em conclusão, a história da virologia reflecte uma progressão constante desde as primeiras observações de doenças infecciosas até às sofisticadas técnicas moleculares utilizadas atualmente. Continua a ser um domínio dinâmico na vanguarda da compreensão e do combate às doenças virais que afectam a saúde humana e os ecossistemas globais.

3. Posição dos vírus no mundo vivo

Os vírus ocupam uma posição única e debatida no mundo vivo devido às suas caraterísticas e comportamento distintos. Aqui está uma visão geral da posição dos vírus no contexto do mundo vivo:

Caraterísticas dos vírus

1. **Material genético**: Os vírus podem ter ADN ou ARN como material genético. Podem ser de cadeia simples ou de cadeia dupla.

2. **Falta de estrutura celular**: Ao contrário das células, os vírus não possuem estruturas celulares, como organelos e

citoplasma. Eles são essencialmente material genético revestido de proteínas.

3. **Parasitas intracelulares obrigatórios**: Os vírus necessitam de células hospedeiras para se replicarem. Os vírus sequestram a maquinaria da célula hospedeira para produzir proteínas virais e replicar o seu material genético.

Posição na taxonomia

- **Domínio**: Os vírus não são classificados em nenhum dos três domínios da vida (Bacteria, Archaea, Eukarya) porque não possuem estrutura celular e metabolismo independente.

- **Debate**: Existe um debate permanente entre os cientistas sobre se os vírus são organismos vivos. Os vírus não preenchem todos os critérios tradicionalmente utilizados para definir a vida, como o metabolismo, o crescimento e a reprodução sem uma célula hospedeira.

Perspetiva evolutiva

- **Origem**: As origens dos vírus não são totalmente claras. Podem ter evoluído a partir de organismos celulares ou representar restos de material genético que escaparam das células hospedeiras.

- **Co-evolução**: Pensa-se que os vírus co-evoluíram com os seus hospedeiros ao longo de milhões de anos, moldando a evolução do hospedeiro e a adaptação às infecções virais.

Papel ecológico

- **Impacto nos ecossistemas**: Os vírus desempenham um papel ecológico crucial ao influenciarem a dinâmica das populações de organismos hospedeiros, incluindo bactérias, archaea, algas, plantas e animais.

- **Ciclo biogeoquímico**: Os vírus influenciam os ciclos de nutrientes através do controlo das populações microbianas, afectando o carbono, o azoto e outros ciclos biogeoquímicos em ambientes marinhos e terrestres.

Significado prático

- **Saúde humana**: Os vírus são responsáveis por uma vasta gama de doenças humanas, desde as constipações comuns a doenças graves como a SIDA, a gripe e a COVID-19. A compreensão dos vírus é fundamental para o desenvolvimento de vacinas, medicamentos antivirais e diagnósticos.

- **Biotecnologia**: Os vírus são utilizados na biotecnologia como vectores para a terapia genética, no desenvolvimento de vacinas e em técnicas de biologia molecular como a clonagem de genes e a expressão de proteínas.

Conclusão

Os vírus ocupam um nicho único no mundo vivo devido à sua dependência das células hospedeiras para se replicarem, à falta de estrutura celular e à sua composição genética distinta. Embora não estejam classificados nos domínios biológicos tradicionais, o seu impacto nos ecossistemas e na saúde humana sublinha a sua importância na investigação biológica, na medicina e na biotecnologia.

4. Estrutura e composição do vírus

A estrutura e a composição dos vírus são essenciais para compreender a sua função, replicação e interações com as células hospedeiras. Aqui está uma visão geral da estrutura geral dos vírus:

Componentes da estrutura do vírus

1. Ácido nucleico (material genético):

- Os vírus podem conter ADN ou ARN como material genético. Este ácido nucleico transporta o genoma viral, codificando as instruções para a replicação e montagem do vírus.

- O genoma pode ser de cadeia simples (ss) ou de cadeia dupla (ds), consoante o tipo de vírus.

2. Capsídeo:

- O capsídeo é o revestimento proteico que envolve e protege o material genético viral.

- É composto por subunidades proteicas denominadas capsómeros, que se auto-montam para formar a estrutura do capsídeo.

- O capsídeo dá forma, estabilidade e proteção ao vírus.

3. Envelope (em alguns vírus):

- Alguns vírus tem um envelope lipídico externo derivado da membrana da célula hospedeira.

O envelope está repleto de glicoproteínas virais (spike proteins) que facilitam a ligação às células hospedeiras e a entrada nas mesmas.

o Nem todos os vírus têm envelope; os que têm são designados vírus com envelope, enquanto os vírus que não têm envelope são designados vírus sem envelope ou vírus nus.

4. Proteínas da matriz (em vírus envelopados):

o Por baixo do envelope, os vírus envelopados podem ter proteínas de matriz que fornecem suporte estrutural e ajudam na montagem e libertação das partículas virais.

Formas de vírus

- **Helicoidal**: Alguns vírus têm uma simetria helicoidal em que o capsídeo forma uma estrutura helicoidal em torno do ácido nucleico. Exemplos incluem o vírus do mosaico do tabaco (TMV).

- **Icosaédrico**: Muitos vírus apresentam uma simetria icosaédrica, em que o capsídeo tem uma forma aproximadamente esférica com 20 faces triangulares e 12 vértices. Os exemplos incluem os adenovírus e os herpesvírus.

- **Complexos**: Alguns vírus têm estruturas complexas que não se encaixam estritamente nas categorias helicoidal ou icosaédrica. Os exemplos incluem os bacteriófagos (vírus que infectam bactérias).

5. Variações na estrutura do vírus

- **Diversidade genética**: Os vírus apresentam uma diversidade genética significativa em termos de tamanho, organização e complexidade do genoma. Alguns vírus têm genomas relativamente pequenos com apenas alguns genes, enquanto outros têm genomas maiores com elementos reguladores mais complexos.

- **Especificidade do hospedeiro**: A estrutura das proteínas da superfície viral (por exemplo, glicoproteínas) determina frequentemente a gama de hospedeiros e o tropismo tecidular do vírus, influenciando a sua capacidade de infetar tipos de células específicos.

Conclusão

A compreensão da estrutura e composição dos vírus é crucial para o desenvolvimento de estratégias de combate às infecções virais, incluindo o desenvolvimento de vacinas, terapias antivirais e ferramentas de diagnóstico. A diversidade na estrutura dos vírus reflecte as suas estratégias de adaptação e história evolutiva, realçando a complexidade destes agentes infecciosos em contextos biológicos e médicos.

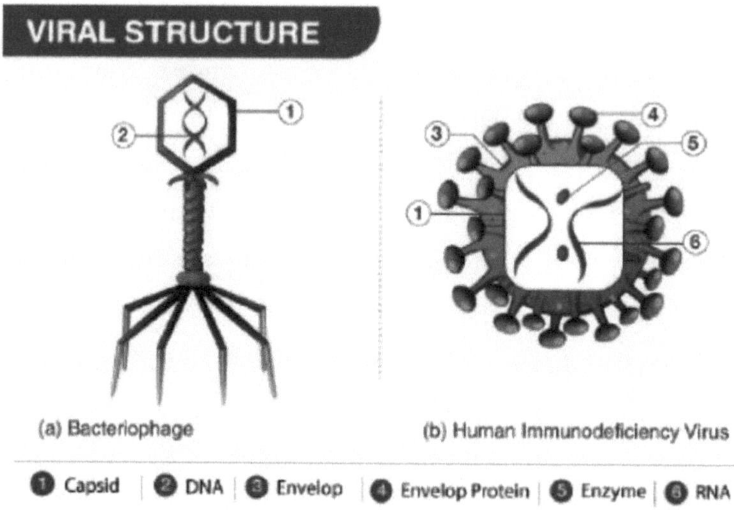

Figura 1. Estrutura dos vírus

6. Classificação de acordo com as propriedades físicas e químicas

Os vírus são classificados com base nas suas propriedades físicas e químicas, que incluem caraterísticas como o tamanho, a forma, o tipo de ácido nucleico e a presença de um envelope. Eis um resumo geral da classificação dos vírus de acordo com estas propriedades:

Classificação com base nas propriedades físicas

1. **Tamanho e forma**:

Tamanho: Os vírus variam muito em tamanho, normalmente entre cerca de 20 nanómetros (nm) e 300 nm de diâmetro. Alguns vírus maiores podem atingir até 1.000 nm.

o **Forma**: Os vírus podem ser classificados com base na

sua forma, que pode ser helicoidal, icosaédrica ou complexa. Por exemplo, o vírus do mosaico do tabaco (TMV) é helicoidal, enquanto os adenovírus são icosaédricos.

2. **Estrutura do capsídeo**:

Os vírus podem ter diferentes estruturas de capsídeo:

- o **Capsídeos helicoidais**: Formadas por subunidades proteicas repetidas numa disposição helicoidal em torno do ácido nucleico viral. Exemplos incluem o TMV.

- o **Capsídeos Icosaédricos**: Simétrico com 20 faces triangulares e 12 vértices, formando uma forma aproximadamente esférica. Muitos vírus, como os adenovírus e os poliovírus, têm cápsides icosaédricas.

- o **Capsídeos complexos**: Têm uma combinação de simetria icosaédrica e helicoidal, encontrada em alguns bacteriófagos.

Classificação com base nas propriedades químicas

1. **Tipo de ácido nucleico**:

Os vírus podem ter ADN ou ARN como material genético:

Vírus de ADN: O seu genoma é composto por ADN, que pode ser de cadeia simples (ssDNA) ou de cadeia dupla (dsDNA). Exemplos incluem os herpesvírus e os poxvírus.

Vírus de ARN: O seu genoma é composto por ARN, que também pode ser ssRNA ou dsRNA. Exemplos incluem o vírus da gripe e o vírus da hepatite C.

2. **Estrutura do envelope**:

Os vírus podem ser classificados com base na presença ou ausência de um envelope:

Vírus com envelope: Têm um envelope de membrana lipídica derivado da membrana da célula hospedeira. Este invólucro está repleto de glicoproteínas virais que ajudam na fixação às células hospedeiras. Exemplos incluem o VIH e o vírus da gripe.

Vírus não envelopados (Naked): Não possuem um envelope lipídico externo e são compostos principalmente por proteínas do capsídeo que envolvem o ácido nucleico. Os exemplos incluem os adenovírus e os norovírus.

Conclusão

A classificação dos vírus com base nas propriedades físicas e químicas ajuda os virologistas a compreender a sua estrutura, função, estratégias de replicação e interações com as células hospedeiras. Este conhecimento é crucial para o desenvolvimento de medicamentos antivirais, vacinas e métodos de diagnóstico adaptados a grupos virais e doenças específicas.

7. Replicação viral

A replicação viral é o processo pelo qual os vírus infectam as células hospedeiras e produzem novas partículas virais. O ciclo de replicação envolve geralmente várias etapas fundamentais, que podem variar consoante o tipo de vírus

(vírus de ADN ou ARN) e as suas caraterísticas específicas. Segue-se uma visão geral das etapas gerais envolvidas na replicação viral:

Etapas da replicação viral

1. **Anexação e entrada**:

Fixação: O vírus liga-se a moléculas receptoras específicas na superfície das células hospedeiras. Esta interação é altamente específica e determina a gama de hospedeiros do vírus.

Entrada: Os vírus entram na célula hospedeira por fusão direta com a membrana da célula hospedeira (para os vírus com envelope) ou por endocitose (para os vírus com e sem envelope).

2. **Sem revestimento**:

Após a entrada na célula hospedeira, o capsídeo viral é normalmente degradado ou removido, libertando o genoma viral (ADN ou ARN) no citoplasma da célula hospedeira. Este passo é designado por uncoating.

3. **Replicação e Transcrição**:

Vírus de ADN: Os vírus de ADN replicam-se e transcrevem o seu genoma no núcleo da célula hospedeira. O ADN viral serve de modelo tanto para a replicação (para produzir novos genomas virais) como para a transcrição (para produzir ARNm viral).

Vírus de ARN: Os vírus de ARN replicam-se e transcrevem o seu genoma no citoplasma. Dependendo do tipo de vírus de ARN (ARN de sentido positivo, ARN de sentido negativo ou retrovírus), o ARN viral pode servir diretamente como ARNm ou requerer etapas de transcrição para produzir ARNm.

4. **Tradução e síntese de proteínas**:

O ARNm viral é traduzido pelos ribossomas da célula hospedeira para produzir proteínas virais. Estas proteínas incluem proteínas estruturais (proteínas do capsídeo, proteínas do envelope) e proteínas não estruturais (enzimas envolvidas na replicação e montagem virais).

5. **Montagem**:

Os novos genomas virais e as proteínas virais são reunidos em partículas virais completas (viriões) na célula hospedeira. Este processo ocorre frequentemente em compartimentos celulares específicos ou nas membranas celulares.

6. **Lançamento**:

Vírus não envelopados: Os vírus não envelopados são libertados da célula hospedeira por lise celular, que destrói a célula hospedeira e liberta os viriões.

Vírus envelopados: Os vírus com envelope são normalmente libertados da célula hospedeira por brotamento, em que as partículas virais adquirem um envelope lipídico da membrana da célula hospedeira. Este processo permite que o vírus saia da célula sem causar a morte celular imediata.

Conclusão

A replicação viral é um processo complexo que depende fortemente da maquinaria da célula hospedeira para a sua própria reprodução. A compreensão das etapas e dos mecanismos específicos da replicação viral é crucial para o desenvolvimento de terapias antivirais, vacinas e métodos de diagnóstico para combater eficazmente as infecções virais. Cada etapa do ciclo de replicação apresenta potenciais alvos de intervenção para inibir a replicação viral e tratar doenças virais.

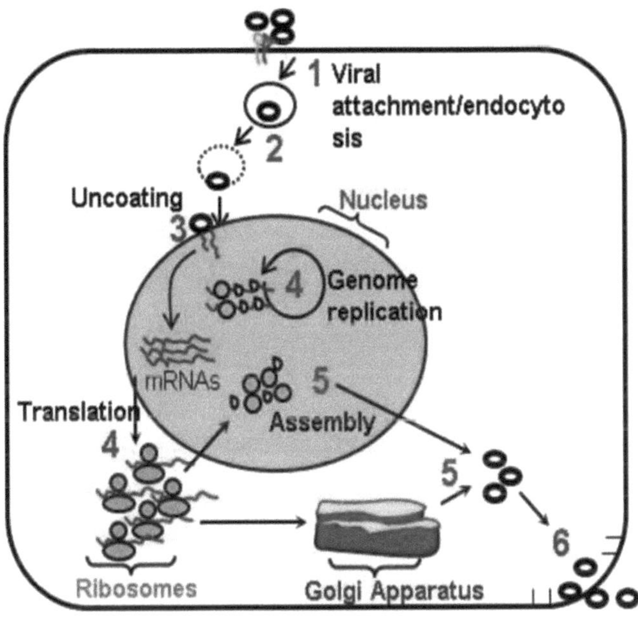

Figura 2. Replicação viral

8. Infeção e replicação

A infeção e a replicação são fundamentais para o ciclo de vida dos vírus, detalhando a forma como invadem as células hospedeiras, sequestram a maquinaria celular e produzem novos descendentes virais. Aqui está uma visão geral destes processos:

Infeção

1. **Anexação e entrada**:

Fixação: Os vírus reconhecem e ligam-se a moléculas receptoras específicas na superfície das células hospedeiras. Esta ligação é normalmente muito específica e determina o tropismo do vírus (capacidade de infetar determinados tipos de células).

Entrada: Após a ligação, os vírus entram nas células hospedeiras através de um de vários mecanismos:

Fusão: Os vírus envelopados fundem o seu envelope viral com a membrana da célula hospedeira, libertando o genoma viral para o citoplasma.

Endocitose: Tanto os vírus envelopados como os não envelopados são englobados pela célula hospedeira através da endocitose. A partícula viral é então desembalada, libertando o genoma viral para o citoplasma.

2. **Sem revestimento**:

Uma vez no interior da célula hospedeira, o genoma viral (ADN ou ARN) é libertado do seu revestimento proteico (capsídeo ou nucleocapsídeo) num processo designado por desencapsidação. Este passo é essencial para que o genoma viral se torne acessível para replicação e transcrição.

Replicação

1. **Replicação do genoma viral**:

Vírus de ADN: Os vírus de ADN replicam-se normalmente no núcleo da célula hospedeira. O genoma viral serve de modelo para a síntese de novas cadeias de ADN viral utilizando a ADN polimerase da célula hospedeira e outras enzimas virais.

Vírus ARN: Os vírus de ARN replicam-se no citoplasma da célula hospedeira. Dependendo do tipo de vírus de ARN (ARN de sentido positivo, ARN de sentido negativo ou retrovírus), a replicação pode envolver etapas como a síntese de cadeias complementares de ARN pela RNA polimerase dependente de ARN (RdRp) ou a transcrição reversa no caso dos retrovírus.

2. **Transcrição e tradução**:

Transcrição: Os genes virais são transcritos em ARNm viral pela ARN polimerase da célula hospedeira ou pela ARN polimerase viral. Estas moléculas de ARNm codificam tanto proteínas estruturais (proteínas do capsídco, proteínas do envelope) como proteínas não estruturais (enzimas envolvidas na replicação e na modulação dos processos da célula hospedeira).

Tradução: O ARNm viral é traduzido pelos ribossomas da célula hospedeira em proteínas virais. Estas proteínas desempenham papéis cruciais na montagem de novos viriões e na modulação das funções da célula hospedeira para facilitar a replicação viral.

3. **Montagem**:

Os novos genomas virais e as proteínas virais são reunidos em viriões completos (partículas virais) no citoplasma ou em membranas celulares específicas. Este processo envolve interações coordenadas entre os ácidos nucleicos e as proteínas virais.

4. **Libertação**:

Vírus não envelopados: Os vírus não envelopados são normalmente libertados das células hospedeiras através da lise celular, o que resulta na destruição da célula hospedeira.

Vírus envelopados: Os vírus envelopados brotam da membrana da célula hospedeira, adquirindo um envelope lipídico com glicoproteínas virais durante o processo. Este método de libertação permite que o vírus saia da célula sem morte celular imediata.

Conclusão

A infeção e a replicação são processos complexos que os vírus exploram para se propagarem nos organismos hospedeiros. A compreensão destes processos a nível molecular é crucial para o desenvolvimento de estratégias antivirais, vacinas e diagnósticos para combater eficazmente as infecções virais. Cada etapa do ciclo de vida viral apresenta potenciais alvos para intervenção terapêutica com o objetivo de interromper a replicação viral e impedir a propagação viral.

9. Base da seletividade para uma célula hospedeira específica

A base da seletividade para células hospedeiras específicas nas infecções virais é determinada principalmente pelas interações entre as proteínas da superfície viral (ou outros componentes virais) e as moléculas receptoras específicas presentes na superfície das células hospedeiras. Esta seletividade, frequentemente referida como tropismo viral, influencia as células que um vírus pode infetar e replicar. Eis os principais factores que contribuem para a base da seletividade para células hospedeiras específicas:

1. **Proteínas de superfície viral e receptores de células hospedeiras**:

Os vírus têm proteínas de superfície, como as glicoproteínas ou as proteínas do capsídeo, que interagem com moléculas receptoras específicas na superfície das células hospedeiras. Estas interações são geralmente muito específicas e determinam o tropismo do vírus.

O domínio de ligação ao recetor das proteínas virais reconhece e liga-se a moléculas receptoras complementares nas células hospedeiras. Esta interaçao é crucial para a ligação inicial do vírus à célula hospedeira.

2. **Disponibilidade e expressão de receptores na célula hospedeira**:

A capacidade de um vírus infetar um determinado tipo de célula depende da presença e acessibilidade das suas moléculas receptoras específicas na superfície das células hospedeiras.

As células hospedeiras podem variar na sua expressão de receptores ao longo do tempo ou em diferentes tecidos, influenciando a suscetibilidade das células à infeção viral.

3. **Factores celulares e co-receptores**:

Para além das moléculas receptoras primárias, alguns vírus podem necessitar de co-receptores específicos ou de factores celulares para uma infeção e replicação bem sucedidas.

Os co-receptores podem facilitar a entrada do vírus na célula hospedeira ou mediar a sinalização intracelular a jusante necessária para a replicação viral.

4. **Factores de permissividade e restrição celular**:

A permissividade celular refere-se à capacidade de uma célula hospedeira suportar a replicação viral depois de o vírus ter entrado.

As células hospedeiras podem também possuir mecanismos intrínsecos de defesa antiviral, conhecidos como factores de restrição, que podem inibir a replicação e a propagação viral. Os vírus desenvolveram mecanismos para contornar ou contrariar estas defesas.

5. **Tropismo viral e patogénese**:

O tropismo específico de um vírus está frequentemente correlacionado com a sua patologia e manifestações clínicas específicas do tecido. Por exemplo, os vírus respiratórios infectam normalmente as células epiteliais que revestem o trato respiratório, provocando sintomas respiratórios.

A compreensão do tropismo viral é essencial para prever os resultados da doença, conceber terapias antivirais e desenvolver vacinas que visem interações específicas das células hospedeiras.

Conclusão

A base da seletividade para células hospedeiras específicas nas infecções virais é multifacetada, envolvendo interações complexas entre as proteínas da superfície viral e os receptores das células hospedeiras, juntamente com factores relacionados com a permissividade celular e as respostas imunitárias inatas. O tropismo viral desempenha um papel fundamental na determinação das células que um vírus pode infetar e replicar, influenciando tanto a patogénese viral como as potenciais intervenções terapêuticas.

10. Base da seletividade para a captação específica de células hospedeiras

A base da seletividade para a absorção específica dos vírus pelas células hospedeiras e a entrada no interior da célula envolve várias interações e processos molcculares fundamentais:

1. **Vinculação e reconhecimento**:

Fixação viral: Os vírus ligam-se inicialmente às células hospedeiras através de interações específicas entre as proteínas da superfície viral (como as glicoproteínas ou as proteínas do capsídeo) e as moléculas receptoras na superfície das células hospedeiras. Esta ligação é frequentemente o primeiro passo para determinar o tropismo viral.

Reconhecimento de receptores: Os vírus reconhecem e ligam-se a moléculas receptoras específicas que estão presentes na superfície das células hospedeiras susceptíveis. Estes receptores são normalmente proteínas ou glicoproteínas específicas de determinados tipos de células.

2. **Mecanismos de entrada**:

Fusão ou endocitose: Uma vez ligados, os vírus entram nas células hospedeiras através de um de dois mecanismos principais:

Fusão: Alguns vírus, particularmente os vírus com envelope, fundem o seu envelope viral com a membrana da célula hospedeira, libertando o genoma viral diretamente no citoplasma.

Endocitose: Tanto os vírus envelopados como os não envelopados podem ser englobados pelas células hospedeiras através da endocitose. A partícula viral é internalizada numa vesícula ligada à membrana (endossoma), que subsequentemente sofre acidificação ou outros estímulos para libertar o genoma viral para o citoplasma.

3. **Especificidade e tropismo**:

Tropismo viral: A especificidade da entrada viral é determinada pela presença e acessibilidade de moléculas receptoras específicas na superfície das células hospedeiras. Os vírus exibem tropismo por células que expressam estes receptores.

Factores celulares: Para além da especificidade dos receptores, podem ser necessários outros factores celulares, como co-receptores ou vias de sinalização intracelular, para uma entrada viral eficiente e subsequente replicação.

4. **Factores das células hospedeiras e vias de entrada**:

Permissividade celular: A capacidade de uma célula hospedeira para suportar a entrada e replicação viral depende da sua permissividade, que pode variar entre diferentes tipos de células e condições.

Vias de entrada: Os vírus podem explorar diferentes vias de entrada celular, consoante o tipo de vírus e a célula hospedeira específica. Estas vias incluem a endocitose mediada por receptores, a fusão direta com a membrana ou outros mecanismos.

5. **Adaptações virais e evolução**:

Os vírus desenvolveram diversas estratégias para entrar nas células hospedeiras de forma eficiente e escapar às defesas do hospedeiro. Estas adaptações podem envolver mutações nas proteínas da superfície viral para melhorar a ligação aos receptores ou interações com factores celulares que facilitam a entrada.

A compreensão da base da seletividade para a captação específica de vírus pelas células hospedeiras e a entrada no interior da célula é crucial para elucidar a patogénese viral, desenvolver terapias antivirais e conceber vacinas que visem os mecanismos de entrada viral. Cada etapa do processo de entrada apresenta potenciais alvos de intervenção terapêutica para prevenir ou tratar infecções virais.

11. **Estratégias de replicação de acordo com o tipo de núcleo**

Os vírus utilizam diferentes estratégias de replicação com base no tipo de ácido nucleico que possuem, que pode ser ADN ou ARN. Segue-se uma visão geral das estratégias gerais que os vírus utilizam para se replicarem, de acordo com o seu tipo de ácido nucleico:

Vírus de ADN

1. Replicação no núcleo:

Muitos vírus de ADN replicam os seus genomas no núcleo da célula hospedeira. Este processo envolve várias etapas:

Entrada e desacobertamento: O vírus entra na célula hospedeira e liberta o seu genoma de ADN, que pode estar encapsulado (protegido por uma capa proteica).

Transcrição: O ADN viral é transcrito em ARN mensageiro (ARNm) pela ARN polimerase do hospedeiro ou por enzimas virais.

Tradução: As proteínas virais são sintetizadas utilizando a maquinaria da célula hospedeira.

Replicação do genoma: O ADN viral é replicado utilizando a polimerase do ADN da célula hospedeira e enzimas virais acessórias.

Montagem e libertação: Novas partículas virais são montadas e libertadas da célula hospedeira.

2. Replicação no citoplasma:

Alguns vírus de ADN replicam-se inteiramente no citoplasma, evitando a necessidade de entrar no núcleo da célula hospedeira. Estes vírus transportam normalmente as suas próprias enzimas para a replicação e transcrição do genoma.

Os exemplos incluem os poxvírus, que replicam os seus genomas de ADN em compartimentos citoplasmáticos especializados chamados fábricas virais.

Vírus ARN

1. Vírus de ARN de sentido positivo:

Os vírus de ARN de sentido positivo têm genomas de ARN que podem servir diretamente como ARNm para a tradução em proteínas virais. A replicação normalmente envolve:

Entrada e desacoplamento: O vírus entra na célula hospedeira e liberta o seu genoma de ARN.

Tradução: O ARN viral é traduzido pelos ribossomas do hospedeiro em proteínas virais.

Replicação do genoma: O ARN viral é replicado pela ARN polimerase dependente de ARN viral (RdRp) para produzir novos genomas de ARN.

> o **Montagem e libertação**: Novas partículas virais são montadas e libertadas da célula hospedeira.

- Os exemplos incluem o poliovírus e o vírus da hepatite C.

2. Vírus de ARN de sentido negativo:

Os vírus de ARN de sentido negativo têm genomas de ARN que são complementares ao ARNm e requerem RdRp para a replicação. A replicação envolve:

Entrada e desacoplamento: O vírus entra na célula hospedeira e liberta o seu genoma de ARN.

Transcrição: O ARN viral é transcrito em ARNm de sentido positivo por RdRp.

Tradução: As proteínas virais são traduzidas a partir do ARNm.

Replicação do genoma: O ARN de sentido negativo é sintetizado a partir do ARN de sentido positivo, que depois serve de modelo para novos genomas virais.

Montagem e libertação: Novas partículas virais são montadas e libertadas da célula hospedeira.

- Os exemplos incluem o vírus da gripe e o vírus Ébola.

3. Transcrição reversa de vírus:

Os retrovírus têm genomas de ARN que são transcritos reversamente em ADN após a infeção das células hospedeiras. As etapas incluem:

Entrada e desacoplamento: O vírus entra na célula hospedeira e liberta o seu genoma de ARN.

Transcrição reversa: O ARN viral é transcrito reversamente em ADN pela enzima transcriptase reversa viral.

Integração: O ADN viral integra-se no ADN da célula hospedeira (provírus).

Transcrição e tradução: O ADN pró-viral é transcrito em ARN e traduzido em proteínas virais.

Montagem e libertação: Novas partículas virais são montadas e libertadas da célula hospedeira.

- Exemplos incluem o VIH (Vírus da Imunodeficiência Humana).

Conclusão

Os vírus apresentam diversas estratégias de replicação adaptadas ao seu tipo de ácido nucleico (ADN ou ARN). Estas estratégias são ajustadas com precisão para explorar a maquinaria da célula hospedeira para a replicação do genoma viral, transcrição, tradução, montagem de novas partículas virais e eventual libertação, realçando a intrincada relação entre os vírus e as suas células hospedeiras. A compreensão destas estratégias de replicação é crucial para o desenvolvimento de terapias antivirais e vacinas que visem diferentes fases do ciclo de vida viral.

12. Estratégias de reprodução

Continuando com as estratégias de replicação baseadas no tipo de ácido nucleico, eis como os vírus expressam os seus genes e sintetizam novas partículas virais:

Vírus de ADN

1. Expressão de genes virais:

- **Transcrição**: Os vírus de ADN podem utilizar a RNA polimerase do hospedeiro ou a sua própria polimerase codificada pelo vírus para transcrever os genes virais em ARNm.

- **Genes precoces e tardios**: Os vírus de ADN têm frequentemente uma regulação temporal da expressão genética, com genes precoces transcritos primeiro (envolvidos na replicação e na modulação das funções da célula hospedeira) seguidos de genes tardios (que codificam proteínas estruturais).

- **Regulação**: A expressão dos genes virais é fortemente regulada para assegurar uma replicação eficiente e a montagem de novos viriões.

2. Síntese de novas partículas virais:

- **Replicação**: A replicação do ADN viral ocorre no núcleo ou no citoplasma da célula hospedeira, consoante o vírus.

- **Montagem**: As proteínas estruturais (proteínas do capsídeo, proteínas do envelope) e os genomas replicados são sintetizados dentro da célula hospedeira.

- **Maturação**: As partículas virais são montadas, envolvendo frequentemente o empacotamento dos genomas virais em cápsides.

- **Libertação**: Os viriões maduros são libertados da célula hospedeira, causando por vezes a lise da célula ou a formação de brotos através da membrana da célula hospedeira.

Vírus ARN

1. Expressão de genes virais:

- **Vírus de ARN de sentido positivo**: Estes vírus utilizam o seu genoma de ARN diretamente como ARNm para a tradução em proteínas virais pelos ribossomas do hospedeiro.

- **Vírus de ARN de sentido negativo**: Estes vírus requerem a replicação do seu genoma de ARN e a transcrição em ARNm pela ARN polimerase dependente de ARN viral (RdRp) antes da tradução.

- **ARNm subgenómico**: Alguns vírus de ARN produzem moléculas de ARNm subgenómico que codificam proteínas virais específicas.

2. Síntese de novas partículas virais:

- **Vírus de ARN de sentido positivo**:

  - **Replicação**: O ARN viral é replicado por RdRp para produzir novos genomas de ARN.

  - **Tradução e montagem**: As proteínas virais são traduzidas a partir do ARN viral e montadas em novas partículas virais.

  - **Libertação**: Os viriões maduros são libertados da célula hospedeira, frequentemente através de brotamento.

- **Vírus de ARN de sentido negativo**:

  - **Replicação**: O ARN viral é transcrito em ARN de sentido positivo por RdRp, que serve de modelo para a replicação.

  - **Montagem**: Os genomas e as proteínas virais são montados em novos viriões.

  - **Libertação**: Os viriões são libertados da célula hospedeira, normalmente através de brotamento.

3. Transcrição reversa de vírus:

- **Expressão de genes virais**:

Transcrição reversa: Os retrovírus transcrevem o seu genoma de ARN para ADN utilizando a transcriptase reversa.

Integração: O ADN viral integra-se no genoma do hospedeiro (provírus), onde é transcrito em ARN e traduzido em proteínas virais.

- **Síntese de novas partículas virais**:

Montagem: Os genomas e as proteínas do ARN viral são montados em novas partículas virais.

Brotamento: Os viriões maduros brotam da membrana da célula hospedeira, adquirindo um envelope se o vírus for envelopado.

Conclusão

Os vírus utilizam diversas estratégias para a expressão dos seus genes e a síntese de novas partículas virais, reflectindo as caraterísticas específicas dos seus genomas de ácidos nucleicos (ADN ou ARN) e as suas interações com a maquinaria da célula hospedeira. Estes processos são rigorosamente regulados para assegurar uma replicação viral eficiente, a montagem de viriões infecciosos e a transmissão bem sucedida a novas células hospedeiras. A compreensão destas estratégias é essencial para o desenvolvimento de terapias antivirais e vacinas que visem a replicação viral e os processos de montagem.

13. Epidemiologia

Eis um breve resumo da epidemiologia, patologia, tratamento e prevenção das doenças virais, considerando os vírus humanos, animais e vegetais:

Epidemiologia das doenças virais

Doenças virais humanas:

- **Transmissão**: Os vírus humanos propagam-se por

várias vias, incluindo gotículas respiratórias (por exemplo, gripe, COVID-19), via fecal-oral (por exemplo, hepatite A), contacto sexual (por exemplo, VIH) e vectores (por exemplo, mosquitos que transmitem a dengue).

- **Factores epidemiológicos**: Factores como a densidade populacional, os padrões de viagem, a cobertura de vacinação e as medidas de saúde pública influenciam a propagação de doenças virais.

- **Surtos e pandemias**: Os vírus como o da gripe e os coronavírus podem causar surtos sazonais ou pandemias globais devido à sua elevada transmissibilidade.

Doenças virais dos animais:

- **Transmissão zoonótica**: Muitas doenças virais que afectam os animais podem também infetar os seres humanos (zoonoses), facilitadas pelo contacto próximo com animais infectados ou pelo consumo de produtos animais contaminados.

- **Vigilância epidemiológica**: A monitorização das populações animais relativamente a doenças virais é crucial para a deteção precoce e a prevenção de surtos que possam potencialmente alastrar às populações humanas.

Doenças virais das plantas:

- **Transmissão**: Os vírus das plantas propagam-se frequentemente através de vectores como insectos (por exemplo, afídeos), ferramentas contaminadas, sementes ou pólen.

- **Impacto na agricultura**: Os vírus das plantas podem devastar as culturas, levando a perdas económicas e à insegurança alimentar.

- **Gestão**: Práticas como a quarentena, a utilização de variedades de plantas resistentes e o controlo dos vectores são essenciais para a gestão das doenças virais das plantas.

Patologia das doenças virais

Doenças virais humanas:

- **Tropismo celular**: Os vírus infectam tipos específicos de células com base no reconhecimento de receptores e em factores da célula hospedeira.

- **Patogénese**: A replicação viral pode danificar diretamente as células hospedeiras (infecções líticas) ou desencadear respostas imunitárias que conduzem a inflamação e danos nos tecidos.

- **Manifestações clínicas**: Os sintomas variam de ligeiros (constipação comum) a graves (falência de órgãos nas febres hemorrágicas virais).

Doenças virais dos animais:

- **Especificidade da espécie**: Os vírus apresentam frequentemente um tropismo específico para cada espécie, causando doenças que vão desde infecções ligeiras a resultados fatais nos animais.

- **Sinais clínicos**: Os sintomas nos animais podem incluir dificuldades respiratórias, perturbações neurológicas e falhas reprodutivas, dependendo do vírus.

Doenças virais das plantas:

- **Sintomas**: As plantas infectadas com vírus podem apresentar sintomas como atrofiamento, descoloração das folhas, manchas e redução da produção.

- **Impacto**: As infecções virais podem enfraquecer as plantas, tornando-as susceptíveis a infecções secundárias e a stresses ambientais.

Tratamento de doenças virais

Doenças virais humanas:

- **Medicamentos antivirais**: Visam fases específicas da replicação viral (por exemplo, inibidores de entrada, análogos de nucleósidos, inibidores da protease).

- **Vacinas**: As vacinas preventivas induzem imunidade contra doenças virais (por exemplo, vacinas contra o sarampo, a poliomielite e a COVID-19).

- **Cuidados de apoio**: Gestão de sintomas e complicações (por exemplo, suporte respiratório em casos graves).

Doenças virais dos animais:

- **Vacinação**: As vacinas são cruciais para a prevenção de doenças virais no gado e nos animais de companhia (por exemplo, raiva, esgana).

- **Tratamentos antivirais**: Opções limitadas em comparação com a medicina humana, centrando-se frequentemente nos cuidados de apoio e na prevenção.

Doenças virais das plantas:

- **Gestão das culturas**: As estratégias incluem a rotação de culturas, cultivares resistentes e controlo de vectores.

- **Sem tratamentos químicos**: Ao contrário das doenças bacterianas e fúngicas, os tratamentos químicos para os vírus das plantas não são eficazes, pelo que a gestão assenta fortemente em medidas preventivas.

Prevenção de doenças virais

Doenças virais humanas:

- **Programas de vacinação**: A imunização de rotina e as campanhas de vacinação em massa são fundamentais para a prevenção de doenças (por exemplo, sarampo, esforços de erradicação da poliomielite).

- **Medidas de higiene**: A lavagem das mãos, a etiqueta respiratória e o saneamento reduzem a transmissão de vírus respiratórios.

- **Intervenções de saúde pública**: Quarentena, rastreio de contactos e restrições de viagem durante os surtos.

Doenças virais dos animais:

- **Medidas de biossegurança**: Práticas para limitar o contacto entre animais, colocar em quarentena os recém-chegados e controlar os vectores.

- **A vacinação**: Essencial para proteger os efectivos pecuários e evitar perdas económicas.

Doenças virais das plantas:

- **Controlo de vectores**: Gestão das populações de insectos que transmitem os vírus às plantas.

- **Sementes certificadas**: Utilizar sementes e materiais de plantação certificados e isentos de vírus.

- **Quarentena**: Impedir a introdução de plantas ou materiais vegetais infectados em novas áreas.

Compreender a epidemiologia, a patologia, o tratamento e a prevenção das doenças virais nos contextos humano, animal e vegetal é crucial para uma gestão eficaz da saúde pública, da medicina veterinária e da agricultura.

14. O papel dos vírus

Os vírus desempenham um papel importante tanto na tecnologia do ADN recombinante como no desenvolvimento de vacinas, tirando partido das suas propriedades biológicas únicas para aplicações benéficas. Eis um resumo dos seus papéis nestes domínios:

Papel dos vírus na tecnologia do ADN recombinante

1. Vectores para entrega de genes:

Os vírus, em especial os retrovírus e os adenovírus, são utilizados como vectores para introduzir ADN recombinante nas células hospedeiras. Estes vírus desenvolveram mecanismos para entrar eficientemente nas células e integrar o seu material genético no genoma do hospedeiro.

Exemplo: Os retrovírus, como os lentivírus, são modificados para transportar genes terapêuticos para as células humanas para aplicações de terapia génica. Os adenovírus são utilizados no desenvolvimento de vacinas e na terapia genética devido à sua capacidade de infetar uma vasta gama de células.

2. **Promotores e potenciadores virais**:

Os vírus têm promotores e potenciadores fortes que podem conduzir a níveis elevados de expressão genética nas células hospedeiras. Estes elementos virais são utilizados em construções de ADN recombinante para garantir uma expressão robusta dos genes inseridos.

Exemplo: O promotor do citomegalovírus (CMV) é habitualmente utilizado em vectores de expressão para conduzir níveis elevados de expressão do transgene em células de mamíferos.

3. **Ferramentas de engenharia genética**:

As enzimas virais, como as integrases (por exemplo, a integrase do VIH) e as polimerases, são utilizadas em biologia molecular para manipular sequências de ADN e construir moléculas de ADN recombinante.

Exemplo: A integrase do VIH foi concebida para ser utilizada em tecnologias de edição de genes como a CRISPR-Cas9 para facilitar modificações específicas do genoma.

Papel dos vírus no desenvolvimento de vacinas

1. **Vacinas vivas atenuadas**:

Algumas vacinas utilizam formas enfraquecidas (atenuadas) de vírus que podem replicar-se no hospedeiro mas não causam a doença. Estas vacinas induzem fortes respostas imunitárias e proporcionam uma imunidade duradoura.

Exemplo: A vacina contra o sarampo, papeira e rubéola (MMR) utiliza vírus vivos atenuados para estimular a imunidade protetora.

2. **Vacinas de vectores virais**:

Os vectores virais são utilizados para introduzir genes de antigénios de agentes patogénicos nas células hospedeiras, estimulando respostas imunitárias contra doenças específicas.

Exemplo: A vacina contra a COVID-19 da Oxford-AstraZeneca (ChAdOx1) utiliza um vetor de adenovírus de chimpanzé para libertar o gene da proteina spike do SARS-CoV-2, desencadeando uma resposta imunitária contra a COVID-19.

3. **Vacinas de subunidades e recombinantes**:

As vacinas de subunidades contêm antigénios proteicos purificados de vírus, que são mais seguros do que as vacinas de agentes patogénicos inteiros. A tecnologia de ADN recombinante é utilizada para produzir estes antigénios em grandes quantidades.

Exemplo: A vacina contra a hepatite B é produzida utilizando células de levedura recombinantes que produzem o antigénio de superfície viral (HBsAg), induzindo imunidade contra o vírus da hepatite B.

4. **Plataformas e desenvolvimento de vacinas**:

Os avanços na genómica viral e na biologia molecular

aceleraram o desenvolvimento de vacinas, permitindo a rápida identificação de antigénios virais, a conceção de construções de vacinas e a avaliação de vacinas candidatas em ensaios pré-clínicos e clínicos.

Exemplo: as vacinas de ARNm, como as vacinas Pfizer-BioNTech e Moderna COVID-19, utilizam o ARN viral para instruir as células a produzir proteínas virais que estimulam uma resposta imunitária.

Conclusão

Os vírus são ferramentas versáteis tanto na tecnologia do ADN recombinante como no desenvolvimento de vacinas, devido à sua capacidade de fornecer eficazmente material genético, manipular a maquinaria da célula hospedeira e estimular respostas imunitárias. O aproveitamento das suas propriedades biológicas revolucionou os domínios da medicina e da biotecnologia, oferecendo soluções inovadoras para a terapia genética, a produção de vacinas e a prevenção de doenças. A investigação contínua sobre a biologia e a imunologia virais promete novos avanços nestas áreas críticas.

15. Utilização de bateriófagos na clonagem de genes

Os bacteriófagos, ou fagos, são vírus que infectam bactérias e têm sido utilizados de várias formas na clonagem de genes e na tecnologia de ADN recombinante. Eis algumas das principais formas de utilização dos bacteriófagos na clonagem de genes:

1. **Vectores de clonagem**:

Os bacteriófagos servem como vectores de clonagem, transportando ADN estranho para hospedeiros bacterianos. Podem acomodar inserções de ADN maiores do que os plasmídeos, o que os torna úteis para a clonagem de fragmentos maiores de ADN.

Exemplo: O fago Lambda (fago X) é normalmente utilizado como vetor de clonagem em biologia molecular. Tem um genoma de grandes dimensões (~48 pares de kilobases) e pode transportar inserções até 20-25 pares de kilobases.

2. **Construção de bibliotecas**:

As bibliotecas de fagos são construídas através da clonagem de fragmentos de ADN em genomas de fagos. Estas bibliotecas são recursos valiosos para estudos genéticos e de genómica funcional, permitindo aos investigadores analisar a função dos genes, as interações entre proteínas e os elementos reguladores.

Exemplo: As bibliotecas de exposição de fagos, em que os péptidos ou proteínas estranhos são apresentados na superfície de partículas de fagos, são utilizadas para o rastreio de anticorpos, a identificação de interações proteína-proteína e a descoberta de medicamentos.

3. **Estudos de expressão de genes**:

Os bacteriófagos são utilizados para estudar a expressao e a regulação dos genes nas bactérias. Os promotores e as sequências reguladoras dos genomas dos fagos são estudados para compreender os mecanismos de expressão dos genes bacterianos.

Exemplo: Os promotores dos genomas de fagos são utilizados em biologia molecular para induzir níveis elevados de expressão genética em hospedeiros bacterianos para várias aplicações, incluindo a produção de proteínas e a biotecnologia.

4. **Transdução**:

Os bacteriófagos medeiam a transdução, um processo em que o ADN bacteriano é transferido de uma bactéria para outra por partículas de fago. Este fenómeno natural tem sido utilizado na engenharia genética para transferir sequências de ADN específicas entre estirpes bacterianas.

Exemplo: A transdução especializada utilizando fagos temperados como o fago lambda tem sido utilizada para introduzir genes específicos ou mutações em hospedeiros bacterianos para estudos genéticos.

5. **Terapia de fagos**:

Para além da clonagem de genes, os fagos estão a ser explorados para fins terapêuticos, especialmente no tratamento de infecções bacterianas em que a resistência aos antibióticos é uma preocupação. A terapia com fagos envolve a utilização de fagos específicos para atingir e matar bactérias patogénicas.

Exemplo: Estão a decorrer ensaios clínicos para avaliar a eficácia da terapia com fagos contra infecções bacterianas resistentes a antibióticos, oferecendo uma alternativa potencial ou um complemento aos antibióticos tradicionais.

Em resumo, os bacteriófagos são ferramentas versáteis na clonagem de genes e na biologia molecular, facilitando a manipulação, o estudo e a transferência de material genético em sistemas bacterianos. A sua biologia única e as interações com as bactérias tornam-nos inestimáveis tanto na investigação fundamental como na biotecnologia aplicada.

Vírus não replicantes como vectores em terapia genética e para o desenvolvimento de novos tipos de vacinas

Os vírus não-replicantes surgiram como vectores promissores na terapia genética e no desenvolvimento de vacinas devido ao seu perfil de segurança e à sua capacidade de introduzir eficazmente material genético nas células. Eis como são utilizados nestes domínios:

Vírus não-replicantes em terapia génica

1. **Perfil de segurança**:

Os vírus não replicantes são modificados para não terem genes essenciais necessários à replicação viral. Esta modificação garante que não se podem replicar e causar doenças no hospedeiro.

Exemplo: Os vectores de adenovírus com deleções nos genes E1 e E3 são normalmente utilizados na terapia genética. Estes vectores podem fornecer eficazmente genes terapêuticos às células alvo sem causar uma infeção produtiva.

2. **Entrega eficiente de genes**:

Os vírus não-replicantes desenvolveram mecanismos para entrar eficientemente nas células-alvo e entregar material genético, tornando-os veículos eficazes para aplicações de terapia génica.

Exemplo: Os vectores de vírus adeno-associados (AAV) são amplamente utilizados na terapia genética devido à sua capacidade de transduzir células em divisão e não em divisão com uma expressão genética duradoura.

3. **Correção genética orientada**:

Os vectores virais não-replicantes podem ser concebidos para introduzir ferramentas de edição de genes, como o CRISPR-Cas9, em células específicas, permitindo a correção de genes específicos em doenças genéticas.

Exemplo: Os vectores lentivirais têm sido utilizados para fornecer componentes CRISPR-Cas9 para corrigir mutações em genes associados a doenças como a anemia falciforme e a fibrose cística.

Vírus não replicantes no desenvolvimento de vacinas

1. **Entrega de antigénios**:

Os vectores virais não-replicantes são utilizados para introduzir genes de antigénios de agentes patogénicos nas células hospedeiras, estimulando respostas imunitárias contra doenças específicas.

Exemplo: O vírus Vaccinia Ankara modificado (MVA) é um vetor de poxvírus não replicante utilizado em vacinas contra doenças infecciosas como a malária, o VIH e a tuberculose.

2. **Segurança reforçada**:

Os vectores virais não replicantes são mais seguros do que as vacinas vivas atenuadas porque não se podem replicar no hospedeiro. Este facto reduz o risco de doença induzida pela vacina.

Exemplo: Os vectores de adenovírus recombinantes (por exemplo, os vectores Ad26 e Ad5) estão a ser utilizados em vacinas contra a COVID-19 para libertar o gene da proteína spike do SARS-CoV-2, provocando respostas imunitárias sem causar a COVID-19.

3. **Imunogenicidade**:

Os vectores virais não replicantes podem ser concebidos para aumentar a imunogenicidade através da incorporação de adjuvantes ou antigénios múltiplos, melhorando a eficácia da vacina.

Exemplo: O vetor ChAdOx1 utilizado na vacina Oxford-AstraZeneca COVID-19 inclui o gene da proteína spike juntamente com modificações para melhorar a apresentação do antigénio e a resposta imunitária.

Conclusão

Os vírus não replicantes oferecem plataformas versáteis para a terapia génica e o desenvolvimento de vacinas, tirando partido da sua capacidade de introduzir material genético de forma segura e eficaz nas células-alvo. A investigação contínua e os avanços tecnológicos na conceção de vectores virais e nos sistemas de entrega são promissores para tratar uma vasta gama de perturbações genéticas e doenças infecciosas.

Utilização de vírus para produzir proteínas recombinantes em animais e

A utilização de vírus para produzir proteínas recombinantes em animais e plantas envolve o aproveitamento de vectores virais como ferramentas eficientes para a entrega e expressão de genes. Eis como os vírus são utilizados neste contexto:

Vectores virais para a produção de proteínas recombinantes

1. Entrega eficiente de genes:

Os vírus desenvolveram mecanismos sofisticados para infetar as células hospedeiras e transportar o seu material genético. Os vectores virais recombinantes são concebidos para transportar eficazmente os genes que codificam as proteínas desejadas para as células-alvo.

Exemplo: Os vectores de adenovírus, os vectores de vírus adeno-associados (AAV), os vectores retrovirais (por exemplo, vectores lentivirais) e os vectores de baculovírus são normalmente utilizados em animais e insectos (para plantas) devido à sua capacidade de infetar uma vasta gama de tipos de células e de atingir níveis elevados de expressão do transgene.

2. Sistemas de expressão:

Os vectores virais são integrados em sistemas de expressão concebidos para controlar a expressão de proteínas recombinantes em células hospedeiras. Isto inclui promotores virais e elementos reguladores que conduzem a transcrição e tradução eficientes do gene inserido.

Exemplo: Os promotores virais, tais como o promotor do citomegalovírus (CMV), são utilizados para promover a expressão robusta de proteínas recombinantes em células de mamíferos utilizando vectores adenovirais ou AAV.

Aplicações em animais

1. **Produção Biofarmacêutica**:

Os vectores virais são utilizados para produzir proteínas recombinantes em células animais para fins terapêuticos. Estas proteínas incluem anticorpos, enzimas, hormonas e citocinas utilizadas em produtos biofarmacêuticos.

Exemplo: As proteínas recombinantes produzidas utilizando vectores virais em células animais são utilizadas em terapias para doenças genéticas (por exemplo, terapia de substituição enzimática), cancro (por exemplo, anticorpos monoclonais) e outras condições médicas.

2. **Modelos animais transgénicos**:

Os vectores virais são utilizados para gerar modelos animais transgénicos que expressam proteínas recombinantes para fins de investigação. Estes modelos ajudam a estudar a função dos genes, os mecanismos das doenças e a eficácia dos medicamentos.

Exemplo: Os vectores lentivirais têm sido utilizados para criar ratinhos transgénicos que expressam genes humanos envolvidos em doenças como a doença de Alzheimer, fornecendo informações sobre a progressão da doença e potenciais alvos terapeuticos.

Aplicações em plantas

1. Biotecnologia agrícola:

Os vectores virais, em especial os vírus de plantas e as suas formas modificadas, são utilizados para a engenharia de plantas com vista à obtenção de caraterísticas melhoradas, como a resistência a doenças, um melhor conteúdo nutricional e um maior rendimento.

Exemplo: Os vectores do vírus do mosaico do tabaco (TMV) foram concebidos para introduzir nas plantas genes que codificam proteínas insecticidas (por exemplo, a toxina Bt), conferindo-lhes resistência contra as pragas de insectos.

2. Produção de proteínas industriais:

Os vectores virais são utilizados em plantas para produzir proteínas industriais, enzimas e vacinas. Os sistemas de expressão baseados em plantas oferecem vantagens como a escalabilidade, a relação custo-eficácia e o potencial de administração oral de vacinas.

Exemplo: Os vectores do vírus X da batata (PVX) têm sido utilizados para produzir enzimas industriais e proteínas farmacêuticas em plantas, demonstrando a utilidade dos vectores virais de plantas na biotecnologia.

Direcções futuras

Os avanços na tecnologia de vectores virais continuam a expandir as aplicações dos vírus na produção de proteínas recombinantes em animais e plantas. A investigação centra-se no reforço da segurança, eficácia e especificidade dos vectores, bem como no desenvolvimento de novos sistemas de expressão para diversas aplicações biotecnológicas e terapêuticas.

16. Vírus emergentes e tendências futuras VIH

Os vírus emergentes, como o VIH (Vírus da Imunodeficiência Humana), colocam desafios contínuos e moldam as tendências futuras da virologia e da saúde pública. Eis uma panorâmica geral centrada no VIH:

VIH: Um vírus emergente

1. **Antecedentes e impacto**:

O VIH é um retrovírus que infecta principalmente as células T CD4+ do sistema imunitário, conduzindo à síndrome da imunodeficiência adquirida (SIDA) se não for tratado.

Desde a sua identificação no início dos anos 80, o VIH provocou uma pandemia global, resultando em milhões de mortes e infecções em todo o mundo.

2. **Epidemiologia**:

O VIH transmite-se principalmente através de contactos sexuais desprotegidos, transfusões de sangue contaminado, partilha de agulhas entre consumidores de drogas intravenosas e de mãe para filho durante o parto ou a amamentação.

O vírus afecta desproporcionadamente as populações da África subsariana, onde as taxas de prevalência são mais elevadas, mas continua a ser um problema de saúde mundial.

3. **Evolução e variantes virais**:

O VIH apresenta uma elevada variabilidade genética devido à sua enzima transcriptase reversa propensa a erros e ao seu rápido ciclo de replicação. Esta diversidade leva ao aparecimento de variantes ou estirpes virais.

Variantes como o VIH-1 (mais prevalente a nível mundial) e o VIH-2 (que se encontra principalmente na África Ocidental) diferem em termos de virulência e dinâmica de transmissão.

Tendências e desafios futuros

1. Terapia antiviral:

A terapia antirretroviral (TARV) transformou o tratamento do VIH ao suprimir a replicação viral, reduzir a carga viral e preservar a função imunitária.

Os desafios incluem a resistência aos medicamentos, a adesão à terapêutica ao longo da vida e o acesso ao tratamento em contextos de recursos limitados.

2. Desenvolvimento de vacinas:

O desenvolvimento de uma vacina eficaz contra o VIH continua a ser um grande desafio científico devido à capacidade do vírus de escapar ao sistema imunitário e à sua elevada taxa de mutação.

A investigação centra-se na indução de anticorpos amplamente neutralizantes e de respostas imunitárias celulares contra os antigénios do VIH.

3. Estratégias de prevenção:

Os esforços de prevenção incluem a promoção de práticas

sexuais mais seguras, programas de troca de seringas para utilizadores de drogas injectáveis, profilaxia pré-exposição (PrEP) e diagnóstico precoce através de testes de VIH.

A educação e a sensibilização da comunidade desempenham um papel crucial na redução da transmissão do VIH e do estigma associado à infeção.

4. **Respostas de saúde pública**:

Para controlar e, eventualmente, erradicar o VIH/SIDA, são essenciais abordagens integradas que envolvam intervenções no domínio da saúde pública, a participação da comunidade e a investigação multidisciplinar.

Iniciativas globais como as metas 90-90-90 da ONUSIDA visam diagnosticar 90% de todos os indivíduos seropositivos, fornecer TAR a 90% dos diagnosticados e conseguir a supressão viral em 90% dos tratados até 2020.

Conclusão

O VIH exemplifica os desafios colocados pelos vírus emergentes, salientando a necessidade de investigação contínua, de inovação no diagnóstico e no tratamento e de esforços de colaboração para atenuar o impacto das epidemias virais na saúde mundial. A resolução das complexidades do VIH/SIDA exige uma abordagem abrangente que integre os avanços científicos com estratégias socioeconómicas e de saúde pública.

17. Vírus das aves ou vírus aviário, vírus Ébola

Com certeza! Eis um resumo dos vírus da gripe aviária e do

vírus Ébola:

Vírus da gripe aviária (gripe das aves)

1. **Antecedentes e impacto**:

Os vírus da gripe aviária infectam principalmente as aves, em particular as aves aquáticas selvagens e as aves domésticas.

Ocasionalmente, estes vírus podem atravessar as barreiras entre espécies e infetar os seres humanos, provocando doenças respiratórias graves e, em alguns casos, a morte.

Os surtos notáveis em humanos incluem os subtipos H5N1, H7N9 e H5N8.

2. **Transmissão e epidemiologia**:

As infecções humanas com a gripe aviária ocorrem normalmente através do contacto direto com aves infectadas ou com os seus ambientes.

Embora a transmissão entre humanos seja limitada, a transmissão sustentada entre humanos pode potencialmente ocorrer através de mutações ou rearranjos genéticos.

3. **Preocupações com a saúde pública**:

Os surtos de gripe aviária em aves de capoeira podem ter impactos económicos significativos na indústria avícola e no abastecimento alimentar.

A vigilância, os protocolos de resposta rápida e os programas de vacinação em aves de capoeira são cruciais para controlar os surtos e prevenir as infecções humanas.

4. **Prevenção e controlo**:

As estratégias incluem medidas rigorosas de biossegurança

nas explorações, deteção precoce e comunicação de surtos, abate de aves de capoeira infectadas e vacinação das populações de aves de capoeira.

As medidas de saúde pública para os seres humanos incluem evitar o contacto com aves doentes, cozinhar adequadamente os produtos de aves de capoeira e monitorizar os sintomas em indivíduos de alto risco.

Vírus Ébola

1. **Antecedentes e impacto**:

A doença do vírus Ébola (DVE) é uma doença grave e muitas vezes fatal nos seres humanos causada pelo vírus Ébola.

Os surtos de Ébola ocorreram esporadicamente na África Central e Ocidental, tendo o maior surto sido registado na África Ocidental de 2014 a 2016.

2. **Transmissão e epidemiologia**:

O vírus Ébola é transmitido através do contacto direto com o sangue, fluidos corporais ou tecidos de seres humanos ou animais infectados (geralmente animais selvagens como morcegos da fruta, que se acredita serem hospedeiros naturais).

A transmissão de pessoa para pessoa ocorre através do contacto proximo com fluidos corporais de indivíduos infectados ou do contacto com superfícies e materiais contaminados.

3. **Manifestações clínicas**:

Os sintomas da doença do vírus Ébola incluem febre, dores

de cabeça fortes, dores musculares, fraqueza, diarreia, vómitos, dores abdominais e hemorragias ou nódoas negras inexplicáveis.

A taxa de mortalidade dos casos pode ser elevada, variando entre 25% e 90%, dependendo do surto e das infra-estruturas de saúde.

4. **Medidas de controlo**:

As estratégias de resposta incluem a identificação rápida e o isolamento dos casos, o rastreio dos contactos, a realização de enterros seguros, medidas de prevenção e controlo das infecções nos estabelecimentos de saúde e a participação da comunidade.

Vacinas e tratamentos experimentais, como anticorpos monoclonais e medicamentos antivirais, foram desenvolvidos e testados durante os surtos.

5. **Direcções futuras**:

A investigação prossegue para compreender a ecologia do vírus Ébola nos reservatórios de animais selvagens, melhorar os instrumentos de diagnóstico, desenvolver vacinas eficazes e reforçar os sistemas de saúde nas regiões afectadas.

Referências

1. Fields, B. N., Knipe, D. M., & Howley, P. M. (Eds.). (2013). Fields virology (6ª ed.). Wolters Kluwer Health/Lippincott Williams & Wilkins.

2. Flint, S. J., Racaniello, V. R., Rall, G. F., & Skalka, A. M. (Eds.). (2015). Princípios de virologia (4 th ed.). ASM Press.

3. Knipe, D. M., & Howley, P. M. (Eds.). (2013). Fields virology (6ª ed.). Wolters Kluwer Health/Lippincott Williams & Wilkins.

4. Cann, A. J. (2016). Princípios de virologia molecular (6ª ed.). Imprensa académica.

5. Murphy, F. A., Fauquet, C. M., Bishop, D. H. L., Ghabrial, S. A., Jarvis, A. W., Martelli, G. P., Mayo, M. A., & Summers, M. D. (Eds.). (2013). Taxonomia de vírus: Classification and nomenclature of viruses (9º relatório do Comité Internacional de Taxonomia de Vírus). Elsevier/Imprensa Académica.

6. Dimmock, N. J., Easton, A. J., & Leppard, K. N. (2015). Introdução à virologia moderna (7ª ed.). Wiley-Blackwell.

7. Mahy, B. W. J., & Van Regenmortel, M. H. V. (Eds.). (2009). Encyclopedia of virology (3ª ed., Vols. 1-5). Academic Press.

8. Knipe, D. M., Howley, P. M., Cohen, J. I., Griffin, D. E., Lamb, R. A., Martin, M. A., Racaniello, V. R., & Roizman, B. (Eds.). (2021). Virologia de campos (7ª ed.). Wolters Kluwer Health.

9. Murphy, F. A., Gibbs, E. P. J., Horzinek, M. C., &

Studdert, M. J. (Eds.). (1999). Veterinary virology (3ª ed.). Academic Press.

10. Hogle, J. M., Chow, M., & Filman, D. J. (2000). Structural biology of viruses (Biologia estrutural dos vírus). Oxford University Press.

11. Richman, D. D., Whitley, R. J., & Hayden, F. G. (Eds.). (2016). Clinical virology (4 th ed.). ASM Press.

12. Dimmock, N., Easton, A., & Leppard, K. (2007). Introdução à virologia moderna (6ª ed.). Blackwell Publishing.

13. Murphy, F. A., Fauquet, C. M., Bishop, D. H. L., Ghabrial, S . A., Jarvis, A. W., Martelli, G. P., Mayo, M. A., & Summers, M. D. (Eds.). (1995). Virus taxonomy: Classification and nomenclature of viruses (6th report of the International Committee on Taxonomy of Viruses). Springer-Verlag.

14. Flint, S. J., Enquist, L. W., Racaniello, V. R., & Skalka, A. M. (Eds.). (2009). Principles of virology (3ª ed.). ASM Press.

15. Carter, J., & Saunders, V. A. (Eds.). (2007). Virologia: Principles and applications. John Wiley & Sons.

16. Knipe, D. M., & Howley, P. M. (Eds.). (2013). Fields virology (6ª ed., Vols. 1-2). Lippincott Williams & Wilkins.

17. Mahy, B. W. J., & ter Meulen, V. (Eds.). (2009). Microbiologia e infecções microbianas de Topley e Wilson: Virologia (10ª ed., Vols. 1-2). Wiley-Blackwell.

18. Dimmock, N. J., Easton, A. J., & Leppard, K. N. (2016). Introdução à virologia moderna (8ª ed.). Wiley.

19. Enciclopédia de Virologia. (1999). Imprensa Académica.

20. Dimmock, N. J., Easton, A. J., & Leppard, K. N. (2007). Introdução à virologia moderna (6ª ed.). Blackwell Publishing.

21. Fauquet, C. M., Mayo, M. A., Maniloff, J., Desselberger, U., & Ball, L. A. (Eds.). (2005). Virus taxonomy: Classification and nomenclature of viruses (8th report of the International Committee on Taxonomy of Viruses). Elsevier/Academic Press.

22. Murphy, F. A., Gibbs, E. P. J., Horzinek, M. C., & Studdert, M. J. (Eds.). (1999). Veterinary virology (3ª ed.). Academic Press.

23. Knipe, D. M., & Howley, P. M. (Eds.). (2013). Fields virology (6ª ed.). Wolters Kluwer Health/Lippincott Williams & Wilkins.

24. Richman, D. D., Whitley, R. J., & Hayden, F. G. (Eds.). (2016). Clinical virology (4 th ed.). ASM Press.

25. Cann, A. J. (2016). Princípios de virologia molecular (6ª ed.). Imprensa académica.

26. Flint, S. J., Racaniello, V. R., Rall, G. F., & Skalka, A. M. (Eds.). (2015). Princípios de virologia (4ª ed.). ASM Press.

27. Murphy, F. A., Fauquet, C. M., Bishop, D. H. L., Ghabrial, S . A., Jarvis, A. W., Martelli, G. P., Mayo, M. A., & Summers, M. D. (Eds.). (2013). Taxonomia de vírus: Classification and nomenclature of viruses (9º relatório do Comité Internacional de Taxonomia de Vírus). Elsevier/Imprensa Académica.

28. Mahy, B. W. J., & Van Regenmortel, M. H. V. (Eds.).

(2009). Encyclopedia of virology (3ª ed., Vols. 1-5). Academic Press.

29. Knipe, D. M., & Howley, P. M. (Eds.). (2021). Fields virology (7ª ed.). Wolters Kluwer Health.

30. Murphy, F. A., Gibbs, E. P. J., Horzinek, M. C., & Studdert, M. J. (Eds.). (1999). Veterinary virology (3ª ed.). Academic Press.

I want morebooks!

Buy your books fast and straightforward online - at one of world's fastest growing online book stores! Environmentally sound due to Print-on-Demand technologies.

Buy your books online at
www.morebooks.shop

Compre os seus livros mais rápido e diretamente na internet, em uma das livrarias on-line com o maior crescimento no mundo! Produção que protege o meio ambiente através das tecnologias de impressão sob demanda.

Compre os seus livros on-line em
www.morebooks.shop